北京服装学院国家一流本科课程教学成果

服装设计效果图师生作品集

王群山　王羿　马建栋　著

中国纺织出版社有限公司

内 容 提 要

《服装设计效果图》课程在刘元风教授的带领下，于2009 ~ 2012年成功完成校级精品课程和北京市精品课程的建设，于2020年获首批国家一流本科课程。本书内容是北京服装学院服装艺术与工程学院的教师们三十多年来教学成果的一小部分。通过对《服装设计效果图》课程内容重新梳理，把教学经验与成果依据课程教学的实际内容编写成书，方便服装设计学习者借鉴与参考。

图书在版编目（CIP）数据

服装设计效果图师生作品集 / 王群山，王羿，马建栋著. -- 北京：中国纺织出版社有限公司，2022.6

ISBN 978-7-5180-9472-1

Ⅰ. ①服… Ⅱ. ①王… ②王… ③马… Ⅲ. ①服装设计—效果图—作品集—中国—现代 Ⅳ. ①TS941.28

中国版本图书馆CIP数据核字（2022）第062848号

责任编辑：魏 萌 亢莹莹　　责任校对：寇晨晨
责任印制：王艳丽

中国纺织出版社有限公司出版发行
地址：北京市朝阳区百子湾东里A407号楼　邮政编码：100124
销售电话：010—67004422　传真：010—87155801
http://www.c-textilep.com
中国纺织出版社天猫旗舰店
官方微博 http://weibo.com/2119887771
北京华联印刷有限公司印刷　各地新华书店经销
2022年6月第1版第1次印刷
开本：889 × 1194　1/16　印张：11.5
字数：226千字　定价：98.00元

前言 PREFACE

《服装设计效果图》课程一直是北京服装学院服装与服饰设计专业必修的核心专业课，学生在入学前虽已具有一定绘画基础，但课程对学生如何进行设计表达有着特殊要求。秉承着北京服装学院“艺工融合，实践创新”的八字方针，服装与服饰设计专业任何方向的学生均需接受系统的《服装设计效果图》课程学习，以获得在服装设计工作中必要的设计表达能力。学习本课程后，学生能够灵活运用服装设计效果图去表达自己的设计思想，并获得一整套成熟的、以功能性为主的具体绘画方法，包括服装设计过程中人体比例、服装平面款式图、服装结构设计创新、色彩搭配、面料质感表达等方面的表现方法，为今后学习服装设计各个方向课程打下良好的基础。

《服装设计效果图》课程经过多次教学改革与大纲的修订，主要以四个方面为目的：第一，与国际服装设计教育接轨；第二，科学规划教学思路；第三，市场设计人才的实际需求；第四，未来服装设计人才培养。通过课程教研团队的共同努力，教学成果累累：2009年获批北京服装学院“服装画技法”精品课程，2010年获批北京市精品课程。2017年根据服装艺术与工程学院教学体系的提升和调整，原《服装效果图》课程调整为《服装设计效果图》课程，在此期间团队教师出版了多部相关教材和专著。

《服装设计效果图》课程经过30多年的教学积淀，2020年获得首批国家级一流本科课程。学校不仅培养了一支爱岗敬业、专业扎实的教师队伍，而且还取得了优异的教学效果。此次教学成果的汇报，是展现一流学科、一流专业、一流课程的具体内容。因为教师和学生的作品才是教学的结晶，更是体现教学内容和教学水平的载体。充分反映了本课程的教学是以客观、科学并循序渐进的方式传授知识，以服务专业为目标，以课程思政的正确思想为导向，同时兼顾技法表现与重实践的精神。最后通过科学系统地规划与设计，奉献给该领域的优秀成果。

劉元風

2021年12月

目录 CONTENTS

第一章

Chapter 01

教师作品

《服装设计效果图》课程的教学方法是理论与实践相结合，但以绘画示范为主，这就要求教师必须有深厚的实践功底，并且要与时俱进，不断提高，才能更好地进行教学和辅导学生的课堂练习。在示范教学中，与学生进行多方面互动，以学生为主体，教师为主导的教学方式，重在给予学生方法上的启迪。由于《服装设计效果图》是侧重动手实践的绘画课程，理论讲解之后的及时课堂绘画演示，可令学生体验并消化相关知识。课程建设目标首先是以提高教师的教学水平为改革起点，完善多媒体教学、谈话式教学、实践体验教学、实验探究式教学等多种有效方式结合的教学模式。利用现代科学技术，进行慕课、微课的开发建设和云课堂的使用，利用多渠道信息和实践机会来调动学生的学习热情，形成交流丰富、多思考、多实践，多体验的教学环境。同时加强教学思政和现有教学管理；加强优质教材建设；加强团队和师资队伍的建设，立足传统民族文化，拓展国际化视野，发展国内外校际学术交流与研究；不断夯实“服装设计效果图”国家一流本科课程建设。

王群山

北京服装学院服装艺术与工程学院教授，硕士生导师，服装设计表达课程群主任，北京市教学名师，中国服装设计师协会陈列委员会执行委员，国家一流本科课程“服装设计效果图”负责人。出版教材与著作10余部，近10年内发表50余篇论文。

教师王群山作品

教师王群山作品

教师王群山作品

教师王群山作品

教师王群山作品

教师王群山作品

教师王群山作品

王　羿

北京服装学院教授，民族服饰文化研究及服装设计与创新（设计）方向研究生导师。担任中国流行色协会理事、中华服饰文化研究会副会长、中国人才研究会服饰人才专业委员会副会长等社会兼职。参与和承担多项国家级、市级科研项目及精品课负责人。发表学术论文数十篇，出版多本专著、教材及教学辅导书籍，包括服装设计、时装画、电脑时装画、民族服饰研究等多领域内容。多次组织和参加国内外学术交流及展览，设计作品在法国、韩国、日本等国家展出。常年组织和辅导学生参加国内、外多项专业大赛，屡获金、银、铜等各种奖项殊荣。

教师王羿作品

教师王羿作品

教师王羿作品

教师王羿作品

教师王羿作品

马建栋

北京服装学院服装艺术与工程学院专业教师、时装插画师、服装设计师。2010年毕业于北京服装学院，获设计艺术学硕士学位（高级时装设计与研究专业）。多年来致力于研究服装设计多维表达的方式，并编著多部专业教材，发表多篇学术研究成果论文。2015年2月出版教材《服装设计效果图表现技法》、2015年1月出版教材《时装画马克笔表现技法》、2021年11月出版教材《时装画手绘表现技法》等。

教师马建栋作品

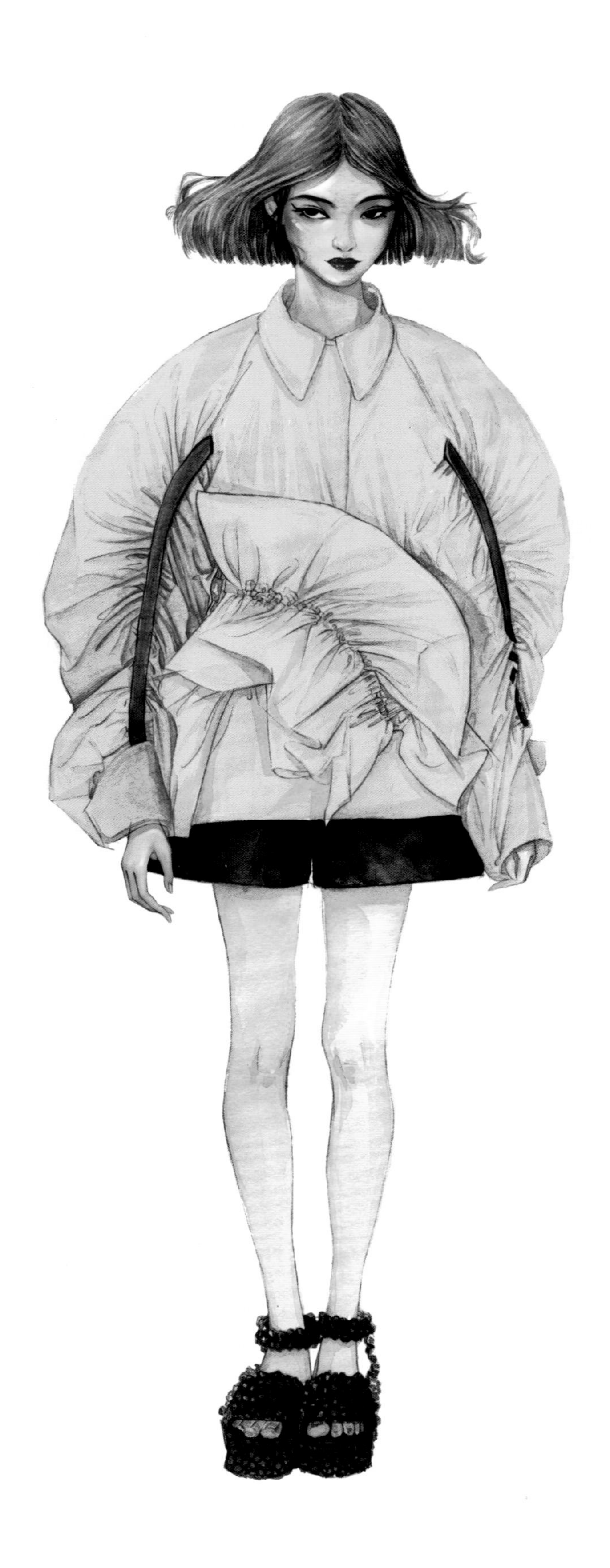

教师马建栋作品

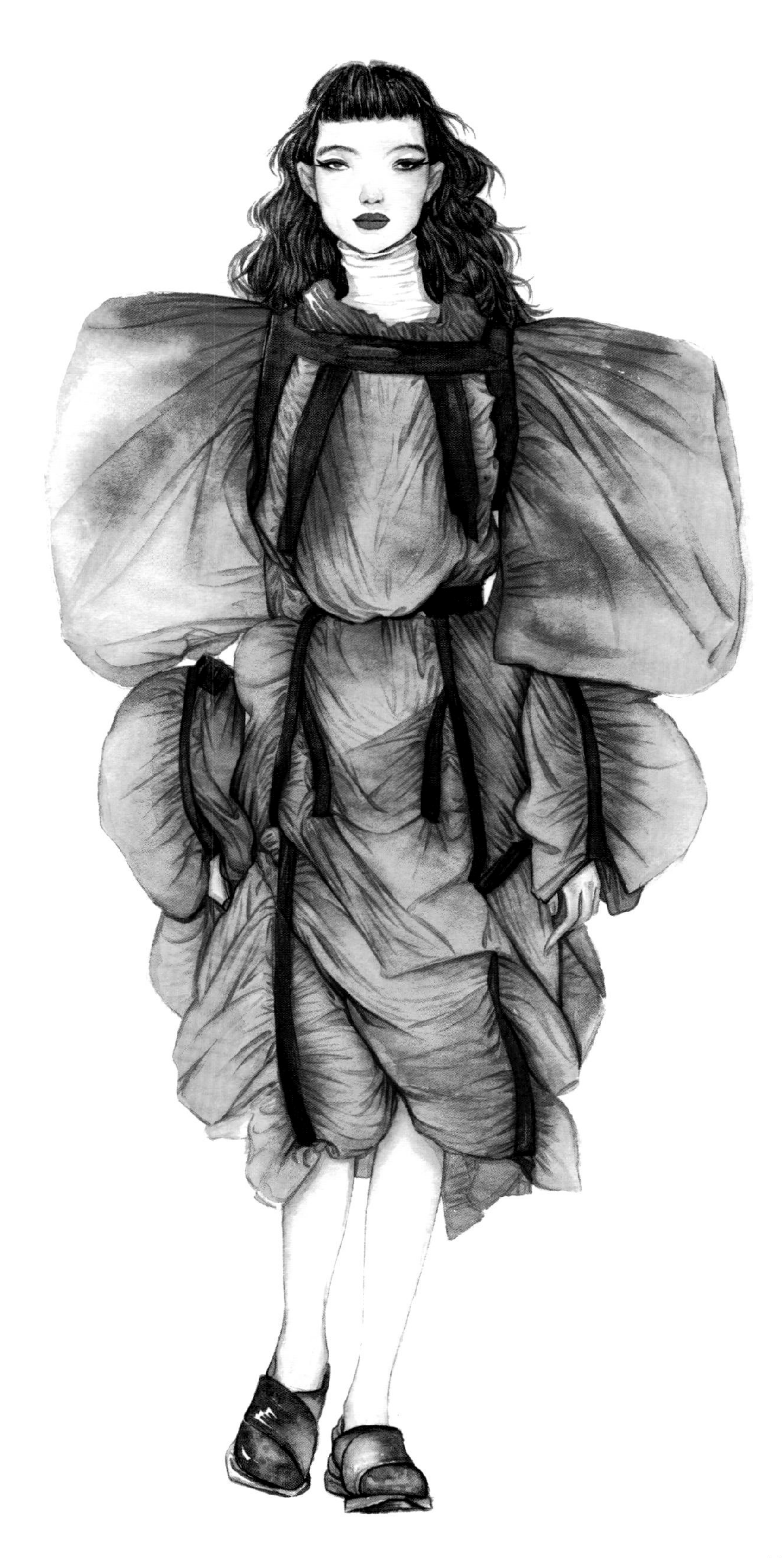

教师马建栋作品

王英男

北京服装学院讲师。本科、硕士均毕业于清华大学美术学院服装艺术设计专业。现承担服装效果图、电脑服装效果图、服装设计元素、传统印染织绣技艺与设计等课程教学。

教师王英男作品

教师王英男作品

教师王英男作品

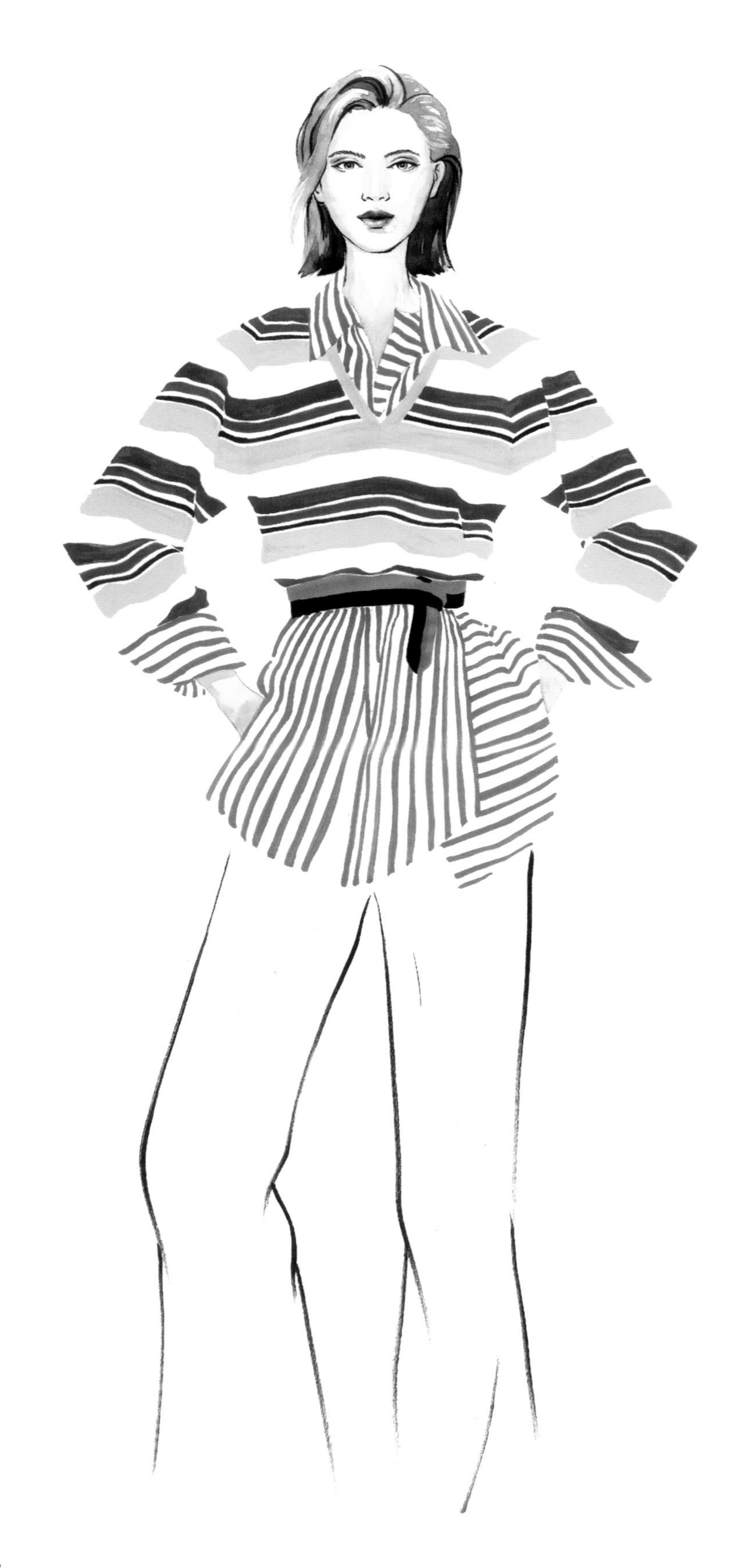

教师王英男作品

教师王英男作品

王媛媛

北京服装学院讲师，承担男装设计、女装设计、创意设计、服装设计方法与实践、服装品牌策划与产品开发、服装设计效果图等课程教学。第23届中国十佳服装设计师；中国服装设计师协会艺术委员会委员；获北京时装周2019BFW设计大奖；建国70周年女民兵方阵服装设计主创人员；《兰心大剧院》《浮城谜事》《风中有朵雨做的云》等多部国际获奖影片影视服装造型。

教师王媛媛作品

教师王媛媛作品

教师王媛媛作品

教师王媛媛作品

第二章

Chapter 02

勾线与头部表现

学习服装设计效果图，首先要对人体与服装的关系进行整体了解，全面地理解服装设计效果图的基本理论知识和表现方法；其次是掌握服装设计效果图的人体结构与动态、服装结构与人体着装、勾线与着色。

练习过程中，应在临摹中注意观察，之后能够达到默写。初学时应着重掌握人体的结构、比例和人体动态的基本规律，进而注意对人物局部特征的刻画。对一些能体现服装设计美感的人体常用姿态，要不断地反复练习，达到默写，随心所欲的自由表达，以便在设计服装时，能够将自己构思的服装款式自然地穿着于人体动态之上。

掌握人体着装之后，就将进入勾线与着色的绘画表达，在绘画时，每个人都有自己的绘画习惯，风格各异。但是，在不同勾线技法中，也同样有着共同的规则，勾线的方法很多，我们主要运用的勾线技法有：匀线勾勒法、粗细线勾勒法、自由线勾勒法和装饰性勾线法。

在人物着色方面我们可以概括为两种着色方法：第一种为写实着色，这种方法通常要较真实表现人物的肤色、妆色、发色，服装上的色彩以及服饰品的色彩变化等，对色彩的色相、明度、纯度、冷色与暖色以及立体的明暗变化，都要做到准确表现，基本还原着装人物在自然光线下的真实效果；第二种着色方法为概括着色法，在着色时基本只表现人物的肤色、发色以及服装、服饰品和服装面料图案的固有色等，对光源色的变化表现较少，通常多以勾线平涂或没骨平涂的方法表现，这种方法在服装设计过程中最为常用，且易学、易掌握。

勾线

作者：单珂曼
指导教师：王羿

作者：单珂曼
指导教师：王羿

作者：冯玉成
指导教师：王群山

作者：郑慧群
指导教师：王群山

作者：孙康
指导教师：王群山

作者：杨菁
指导教师：王群山

作者：单珂曼
指导教师：王羿

作者：单珂曼
指导教师：王羿

作者：周琪然（左上图）、周琪然（左下图）、迟毓（右图）
指导教师：王群山

作者：宋家乐（左上图）、陈丽瑶（左下图）、吴欣（右图）
指导教师：王群山

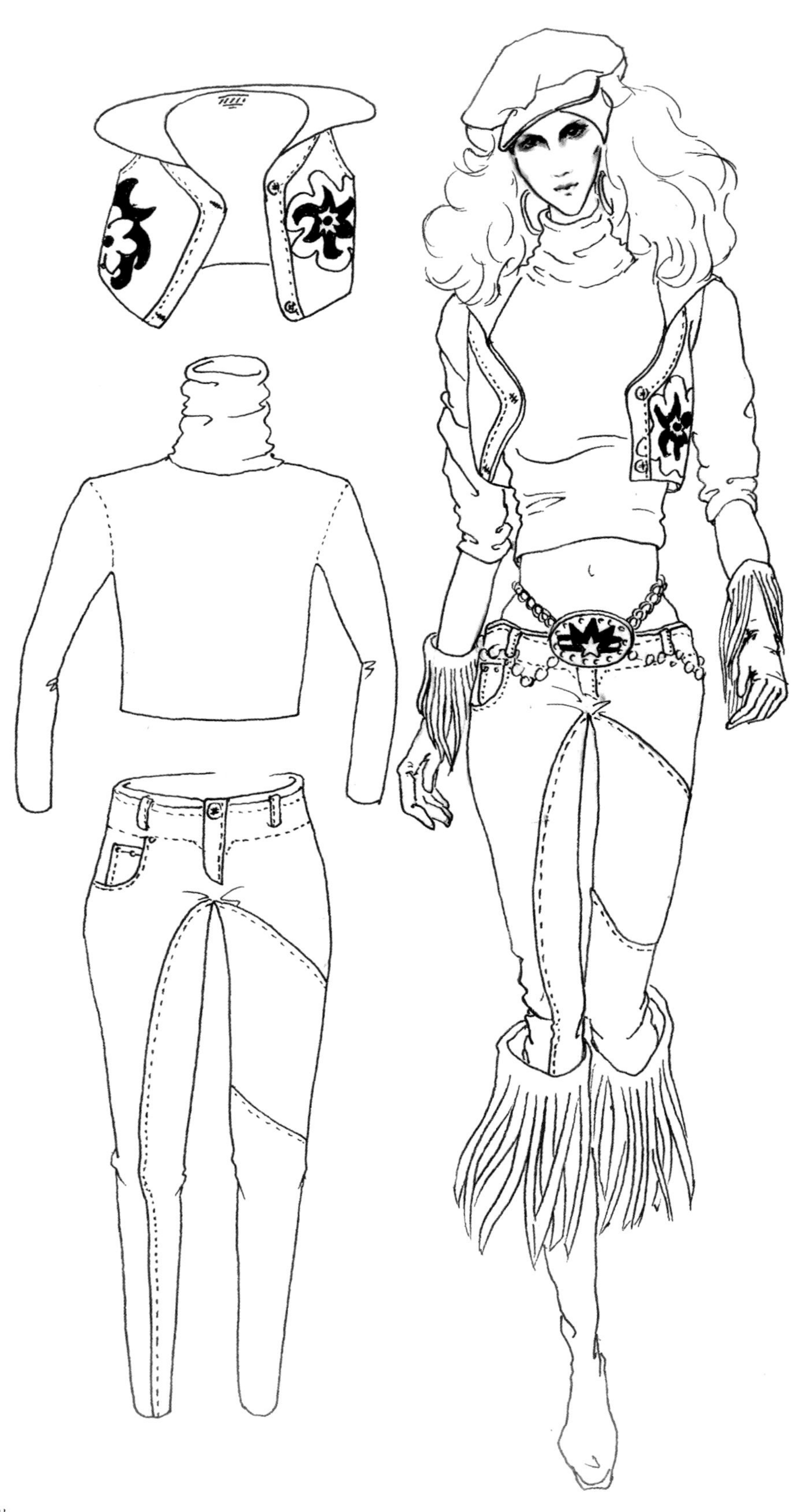

作者：高凤瑾
指导教师：王群山

作者：张文婷
指导教师：王群山

作者：王志宏（左上图）、施晓磊（左下图）、徐旭（右图）
指导教师：王群山

作者：李晓芳（左图）、易洲虹（右图）
指导教师：王群山

作者：王春红
指导教师：王群山

作者：陈烨
指导教师：王群山

作者：申欣怡（左图）、谢超青（右图）
指导教师：王群山

作者：蔡苏凡
指导教师：王群山

作者：谢超青
指导教师：王群山

作者：曹丹
指导教师：王群山

作者：张璇
指导教师：王群山

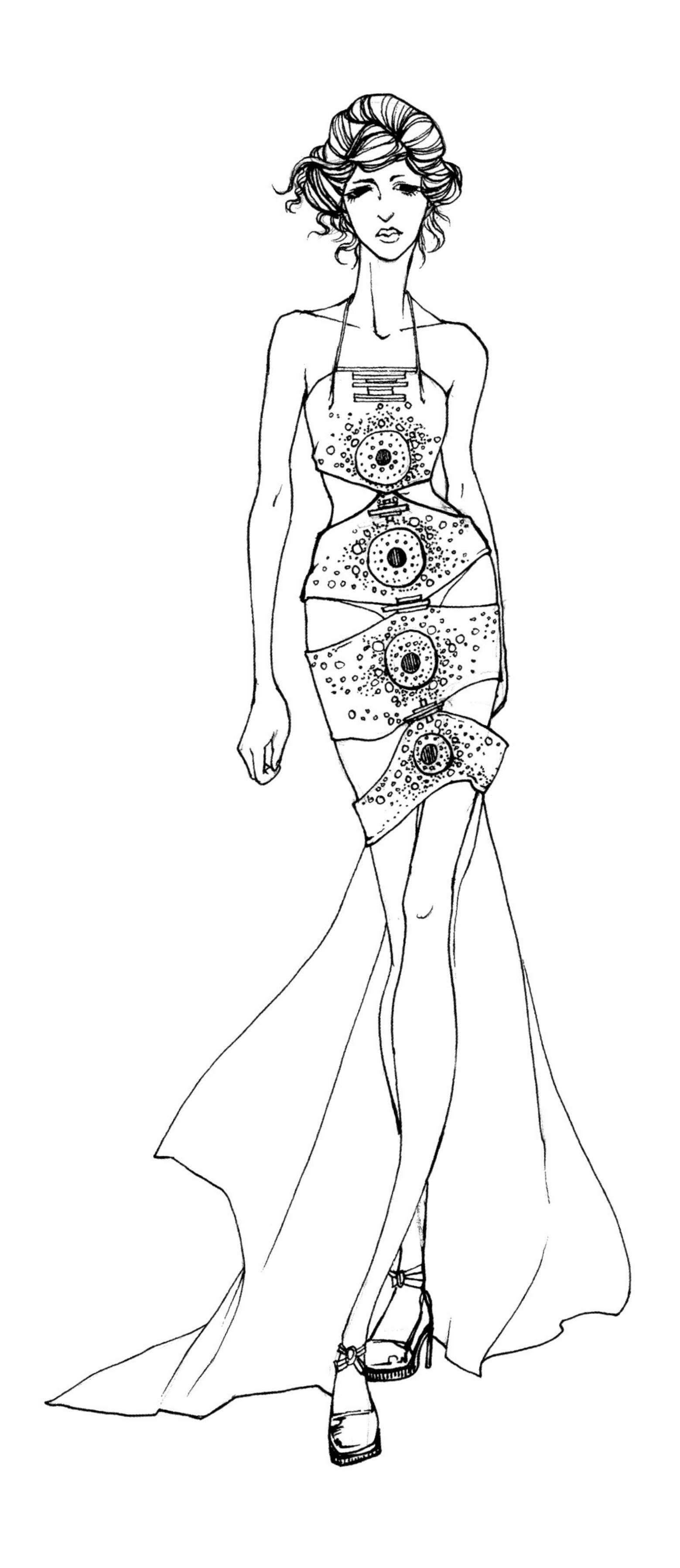

作者：徐凤祥
指导教师：王群山

作者：周燕妮（左图）、何晓燕（右图）
指导教师：王群山

作者：杨菁（左图）、彭志远（右图）
指导教师：王群山

作者：易洲虹
指导教师：王群山

作者：佚名
指导教师：王群山

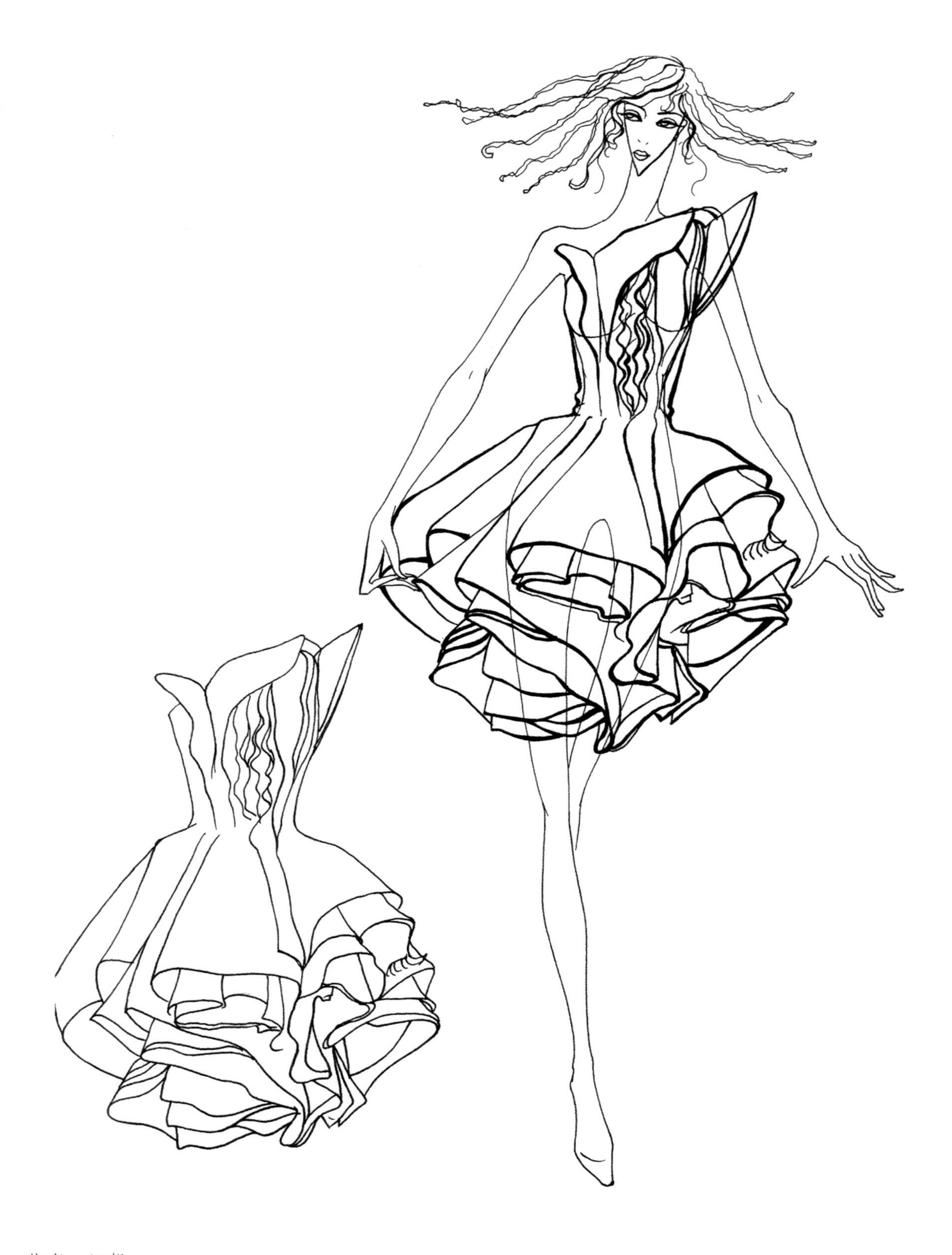

作者：江帆
指导教师：王群山

作者：王柏月
指导教师：王群山

作者：张健
指导教师：王群山

作者：叶盈汐
指导教师：王群山

头部表现

作者：陈钰可
指导教师：王群山

作者：王舒宁
指导教师：王群山

作者：施晓磊（左上图）、孙佳欣（右上图）、李子砾（下图）
指导教师：王群山

作者：刘凤婷
指导教师：王群山

作者：庄慧敏（上图）、张仪情（左下图）、薛原（右下图）
指导教师：王羿

作者：吴欣（左上图）、周琪然、余靖婷（右上图）、王滢珺（左下图）、李丽（右下图）
指导教师：王群山

作者：蔡心悦（左上图）、张瑗璐（右上图）、李绍华（左下图）、李丽（右下图）
指导教师：王群山

作者：谢超青
指导教师：王群山

作者：闫颖
指导教师：王群山

作者：邵菡
指导教师：王群山

作者：刘文慈（左上图）、魏之薇（右上图）、李晗颖（左下图）、肖思睿（右下图）
指导教师：王群山

作者：叶佳媚（左上图）、周牧（右上图）、林珣（左下图）、路雨葳（右下图）
指导教师：王群山

作者：黄旖旎（左上图）、刘恬恬（右上图）、易洲虹（左下图）、马金初（右下图）
指导教师：王群山

作者：夏翼
指导教师：王群山

第三章

Chapter 03

工具与技法表现

科学技术的飞速发展，各种新的绘画工具，新的材料层出不穷，在进行手绘服装设计效果图的表达过程中，用以表现服装设计效果图的工具和材料较多，为了便于大家参考和利用，本章主要展现的是几种常用工具和材料所绘制的课程作业，为阅读者提供参考，方便学习与提高，对于特殊技法表现的服装设计效果图，则可以运用一些特殊工具和方法，如印压肌理、贴布、喷绘等。通常手绘服装设计效果图所用工具和材料大致分为纸张类、画笔类、颜料类和其他辅助工具，力求所用工具材料能在短时间内绘制表达得充分，同时呈现出预先想要达到的效果。

彩色铅笔

作者：马华远
指导教师：王群山

作者：施晓磊
指导教师：王群山

作者：张池
指导教师：王群山

作者：张妮
指导教师：王英男

作者：谢佳音（左图）、张左洁（右图）
指导教师：马建栋

水彩、水粉

作者：李想（左上图）、邵璐妍（左下图）、李瑾（右图）
指导教师：王羿

作者：陈钰可
指导教师：王群山

作者：迟毓（左图）、罗方为（右图）
指导教师：王群山

作者：徐凤祥（左图）、谢超青（右图）
指导教师：王群山

作者：刘婷婷
指导教师：王英男

作者：梁嘉雯
指导教师：王英男

作者：张资盛
指导教师：王媛媛

作者：张资盛
指导教师：王媛媛

作者：王馨悦（左上图）、张慕雨（左下图）、徐丽青（右图）
指导教师：王英男

作者：刘婷婷
指导教师：王英男

作者：林钰（左图）、邱天怡（右图）
指导教师：王英男

作者：王馨雨（左图）、朱瑜（右图）
指导教师：王英男

作者：张婉婷
指导教师：王群山

作者：李红颉
指导教师：王群山

作者：陈小娇（左上图）、侯丽宏（左下图）、贺一然（右图）
指导教师：王羿

作者：陈鲁嫣
指导教师：王羿

作者：付诗桐（左图）、胡昕然（右图）
指导教师：王羿

作者：李丹
指导教师：王羿

作者：蒋逸婷（左图）、熊栋婷（右图）
指导教师：王羿

作者：孙雨棋
指导教师：王羿

作者：张公睿
指导教师：马建栋

作者：赵梦雪
指导教师：马建栋

作者：浦源（左图）、董雨青（右图）
指导教师：马建栋

第四章

Chapter 04

面料与质感表现

面料是服装的载体，服装设计从灵感构思、绘制草图与效果图到实物的呈现，都是通过面料这一特有的物质来体现的。服装面料的质感与肌理是服装设计效果图所要表现的重要内容之一。服装的三要素是款式、色彩和面料，面料质感的选配是服装设计的重要组成部分，也是服装效果图表现的重要内容。因此，为了明确了解设计师所用面料的种类，在服装设计效果图中形象地表现出面料的质感就显得尤为重要，它能准确地反映服装设计效果图的最终产品效果。

作者：陈孟语
指导教师：马建栋

作者：吴璇
指导教师：马建栋

作者：吴璇
指导教师：马建栋

作者：陈卓艺
指导教师：马建栋

作者：陈卓艺
指导教师：马建栋

作者：万若雨
指导教师：马建栋

作者：万若雨
指导教师：马建栋

作者：张安安
指导教师：马建栋

作者：张安安
指导教师：马建栋

作者：李红颉
指导教师：王群山

作者：郭少君
指导教师：王羿

作者：李潇雨
指导教师：王群山

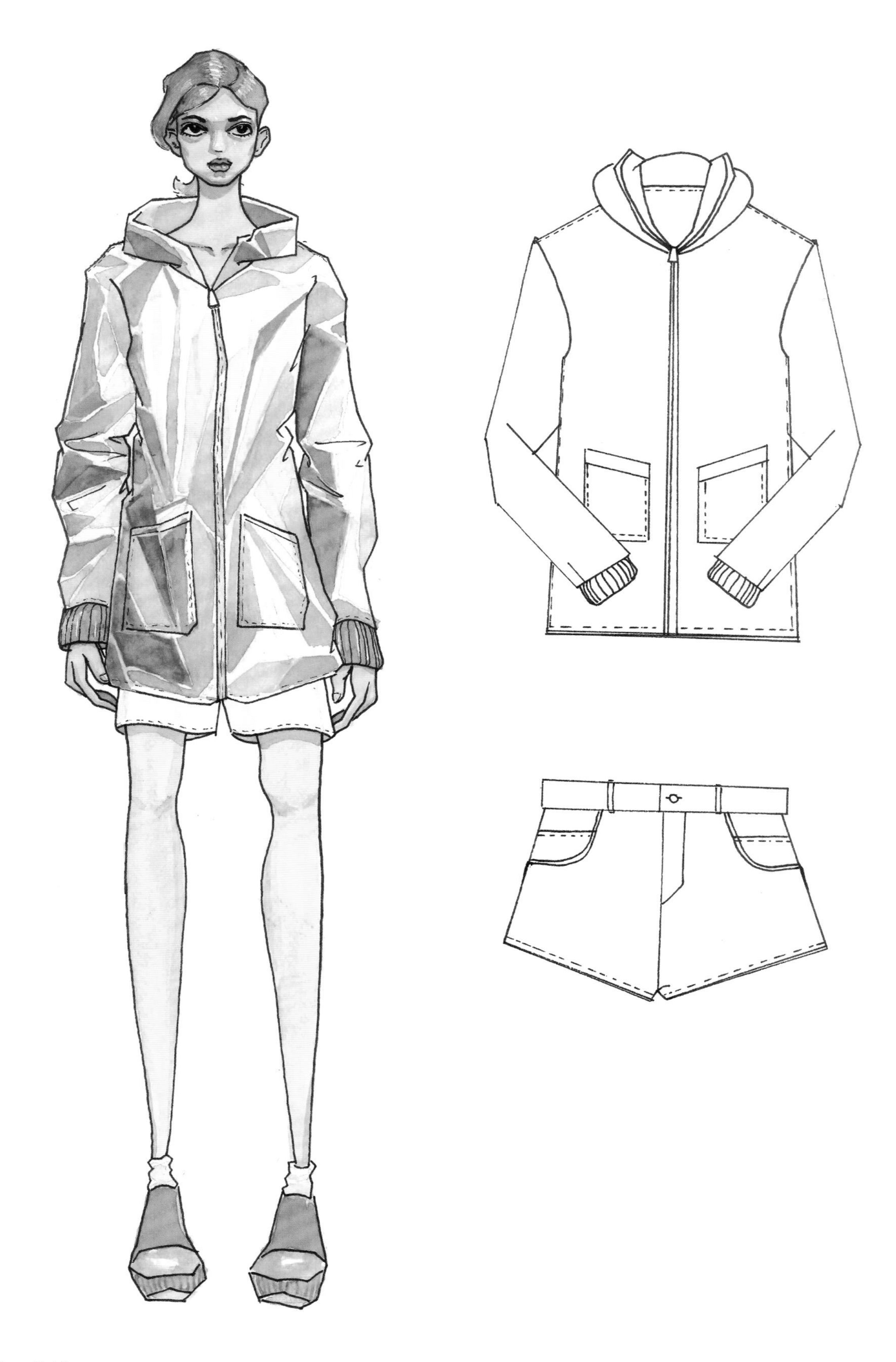

作者：林博
指导教师：王群山

作者：单珂曼
指导教师：王羿

作者：冯燕茹
指导教师：王群山

作者：符妍
指导教师：王群山

作者：韩欣青
指导教师：王媛媛

作者：刘书琪
指导教师：王媛媛

作者：夏翼
指导教师：王群山

作者：麦婷婷
指导教师：王群山

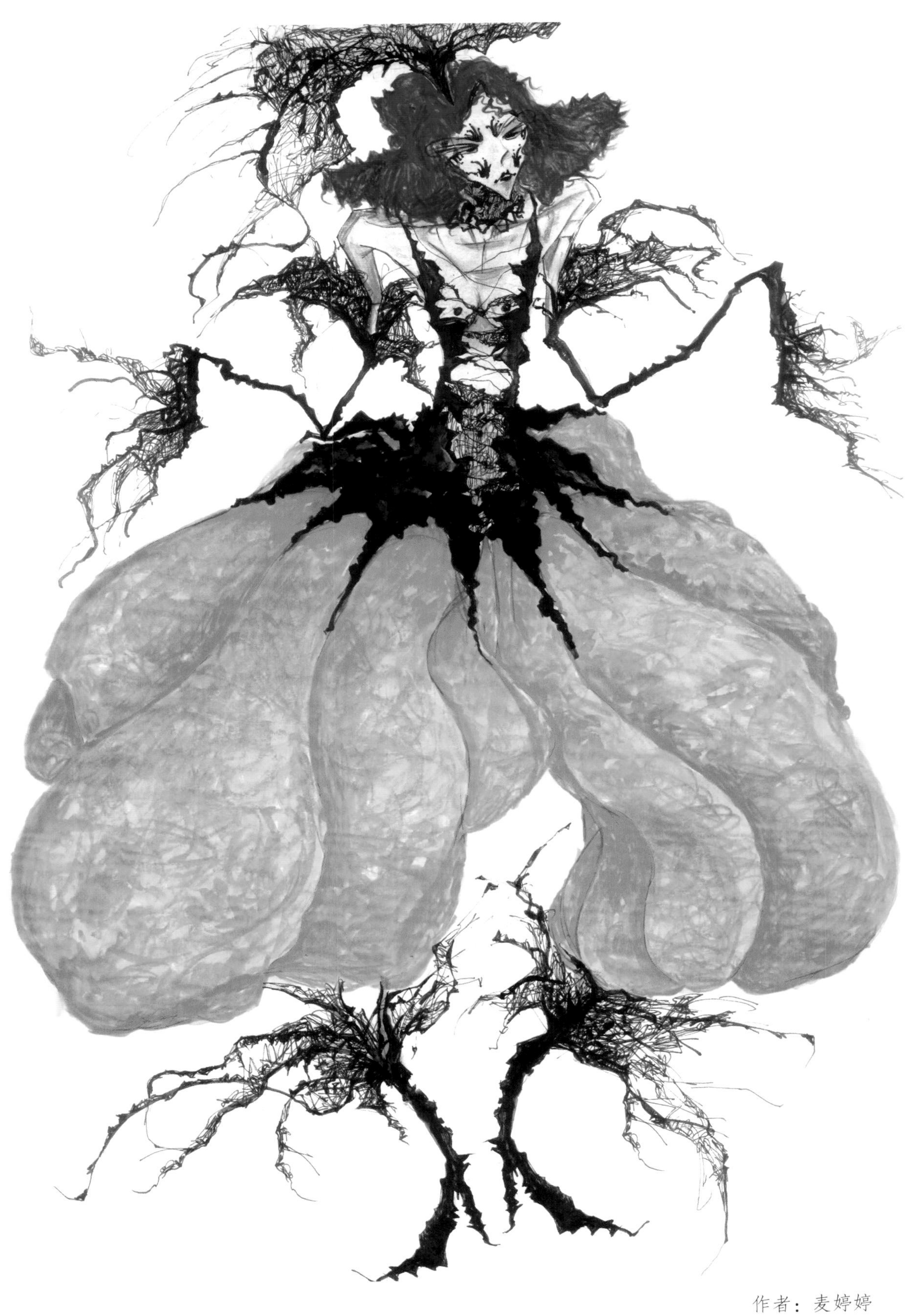

作者：麦婷婷
指导教师：王群山

作者：吴颖华
指导教师：王羿

作者：徐双（左图）、谢超青（右图）
指导教师：王群山

作者：谭佳格格
指导教师：王群山

作者：王丹萌
指导教师：王羿

作者：韩欣青（左图）、刘书琪（右图）
指导教师：王媛媛

作者：韩欣青（左图）、张艺骞（右图）
指导教师：王媛媛

作者：曲宁
指导教师：王群山

作者：苏杏
指导教师：王羿

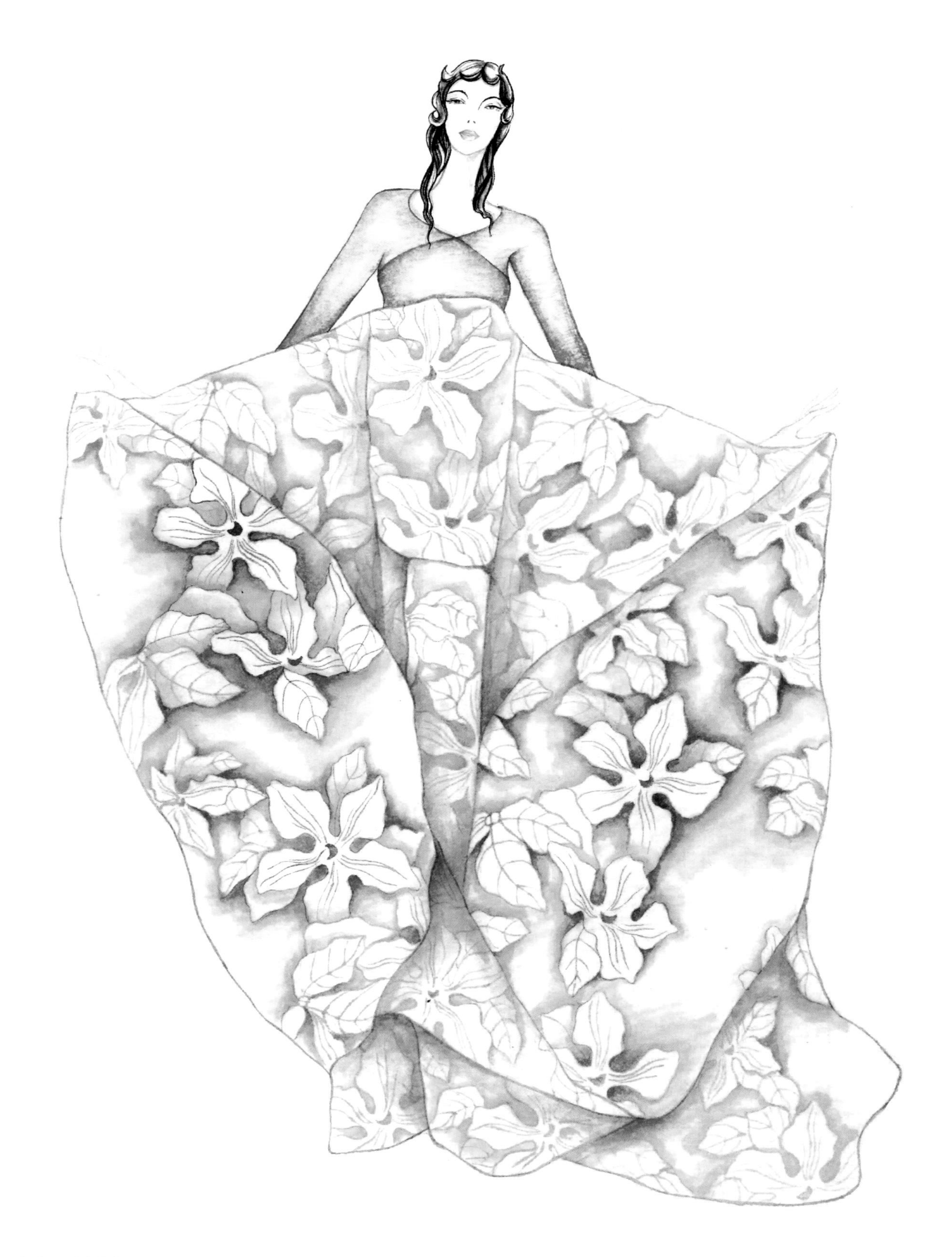

作者：周燕妮
指导教师：王群山

作者：臧子瑶
指导教师：王羿

作者：袁雨晨
指导教师：王羿

作者：秦歆童
指导教师：王英男

作者：石慕珂
指导教师：王群山

作者：杨佳美
指导教师：王英男

作者：朱君然
指导教师：马建栋

作者：朱君然
指导教师：马建栋

作者：谢佳音
指导教师：马建栋

作者：雷晨怡
指导教师：马建栋

作者：都玺竹
指导教师：马建栋

作者：张左洁
指导教师：马建栋

作者：李超越
指导教师：马建栋

作者：李超越
指导教师：马建栋

作者：曾子轩
指导教师：马建栋

作者：浦源
指导教师：马建栋

作者：李林芮
指导教师：马建栋

作者：赵梦雪
指导教师：马建栋

作者：赵梦雪
指导教师：马建栋

作者：陈孟语
指导教师：马建栋

作者：路西薇
指导教师：王群山

作者：李昀梦
指导教师：王群山

作者：方惠
指导教师：王羿

作者：李钰
指导教师：王羿

作者：李煜梅
指导教师：王英男

作者：郭雪莹
指导教师：王群山

作者：周牧
指导教师：王群山

第五章

Chapter 05

系列设计实践

服装设计效果图的表达，是在设计主题确定之后，具体深入表现的一种方式。在企业服装设计中，主要是根据服装品牌产品研发计划，在不同的阶段或者同时推出不同的主题系列，开启由宏观设计向微观设计的深入过程，使服装设计系列效果图在草图的基础上逐渐丰满、完善、具体。

表现服装设计系列效果图，首先要考虑服装的效用，所设计的款式应与穿着者的性别、年龄、身份、服装的材质和色彩等各个方面相互协调。其次要考虑到穿着的季节、时间和环境，以及穿着者的肤色、气质和个性。

本次设计从帐篷中汲取灵感及元素创作了三套服装。衣服使用了涤纶等制作帐篷的面料，部分运用了布料拼接的形式并使用固定织带和扣环等细节。三套衣服多是以灰色调为主，意体现抑郁、悲伤的情调，旨在表达在都市中人们孤独的漂流、居无定所，渴望找到归宿。

作者：迟毓

指导教师：王群山

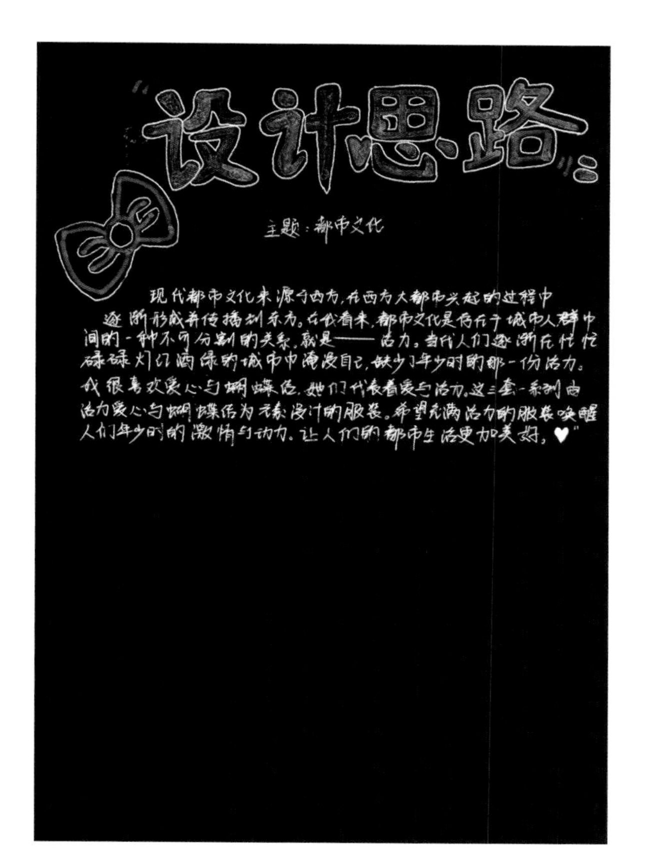

作者：樊韵文
指导教师：王群山

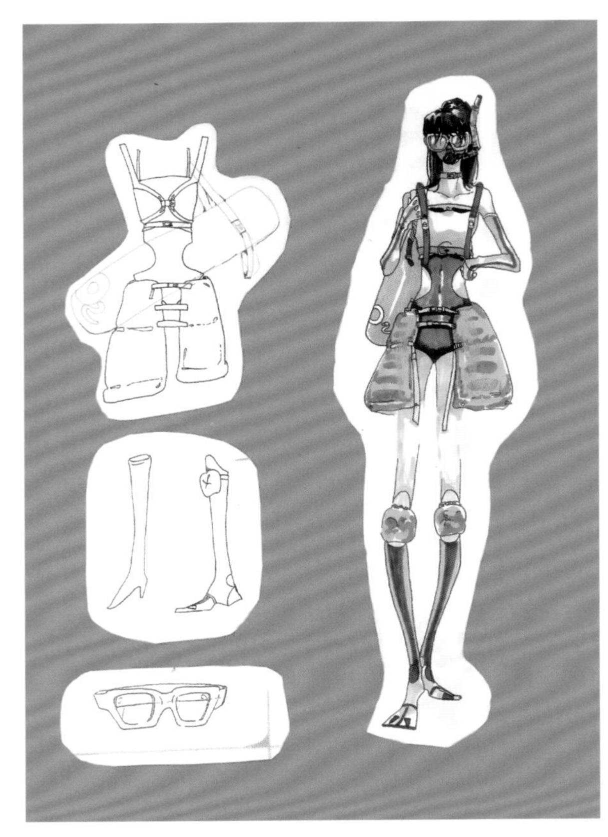

作者：甘蓉
指导教师：王群山

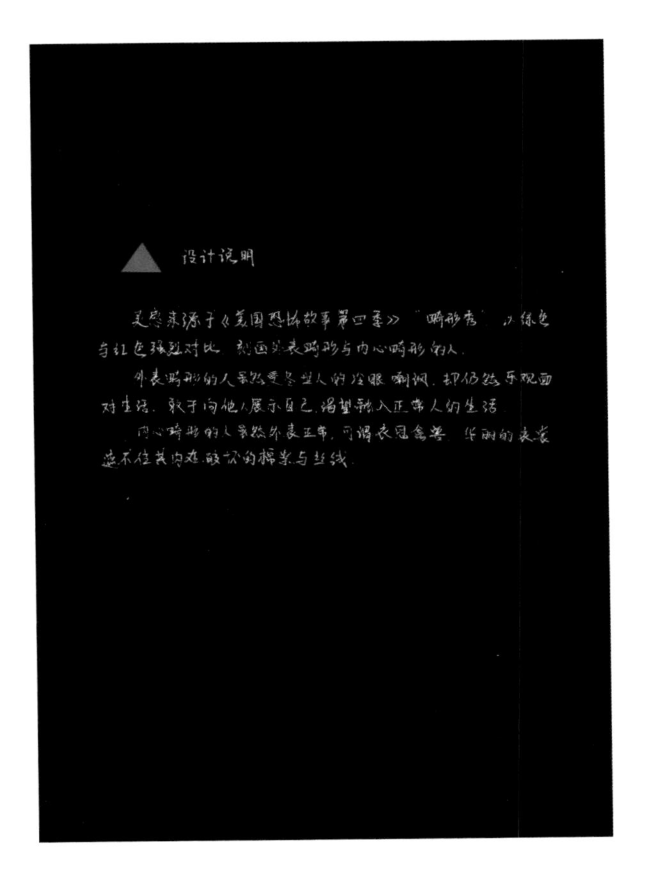

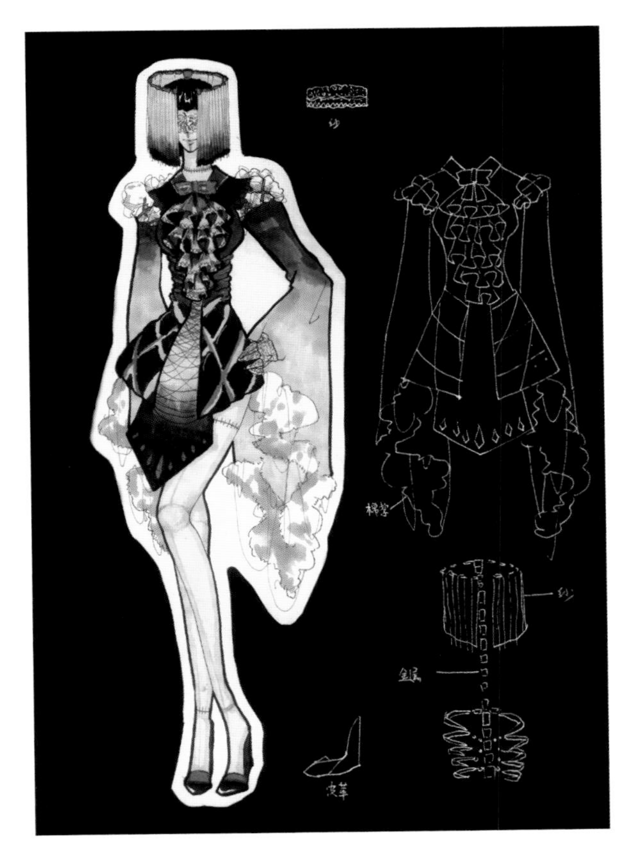

作者：韩超渊
指导教师：王群山

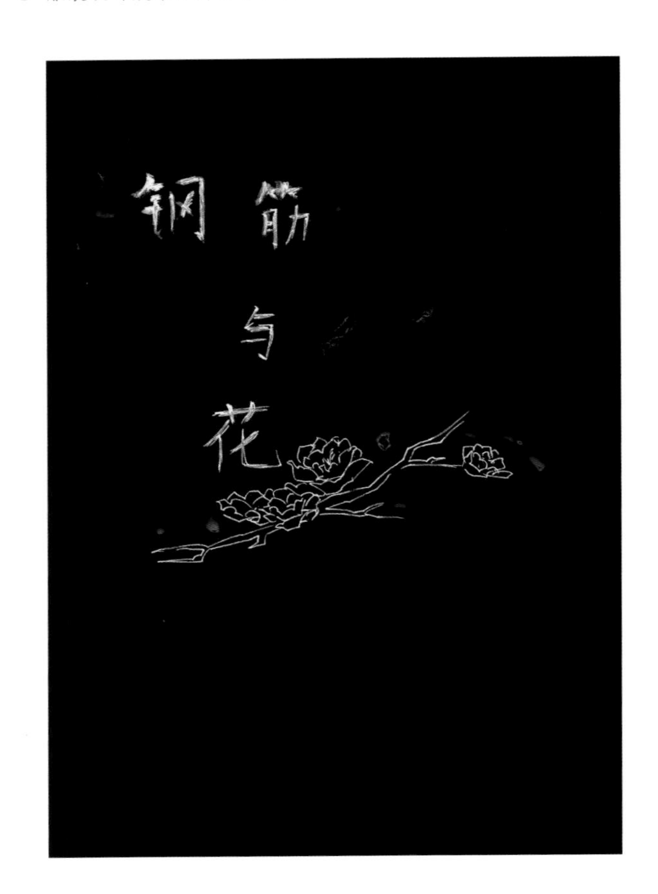
钢筋
与
花

设计思路：
这次的大主题为城市，这令我联想到北京钢筋林立的城市景象。但随着现代化的进程，整个城市的绿化也随之缩减。原本随处可见的花丛也变得寥寥，有些依附与高楼大厦的角落。

1

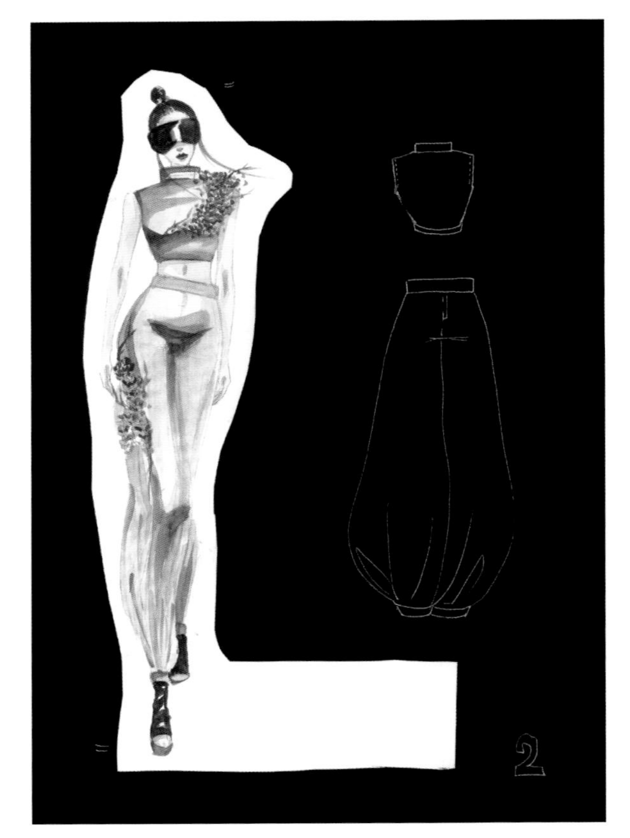
2

作者：黄园园
指导教师：王群山

作者：李明旭

指导教师：王群山

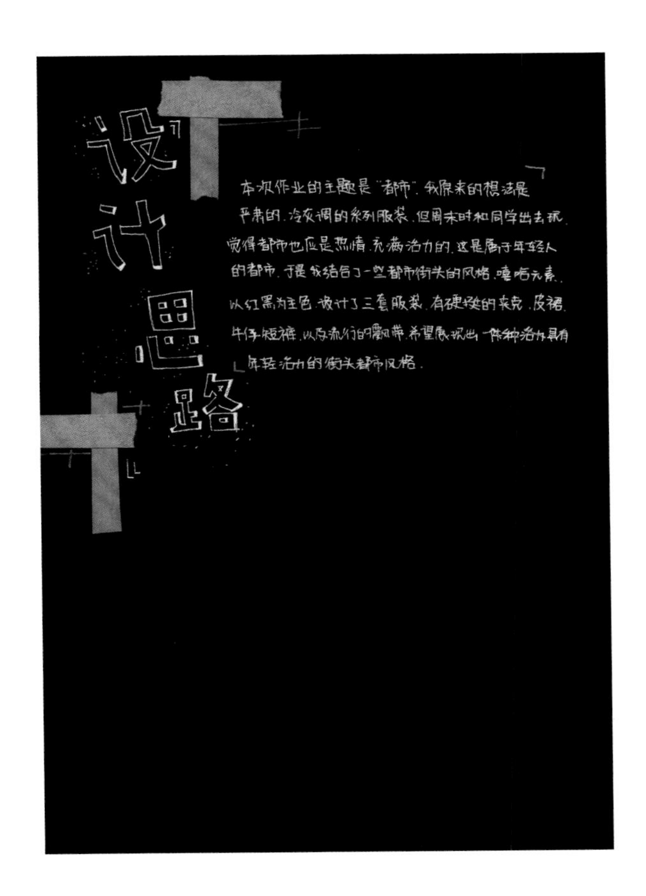

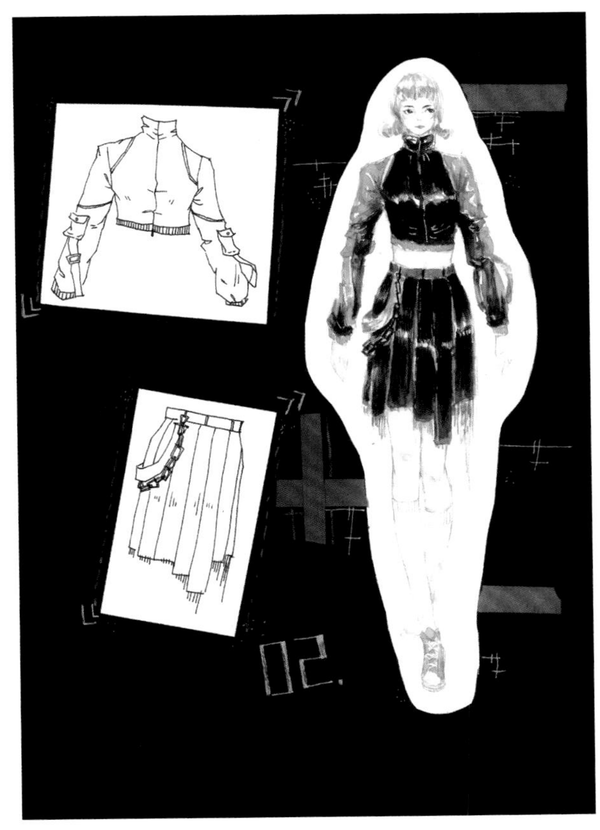

作者：袁卉敏
指导教师：王群山

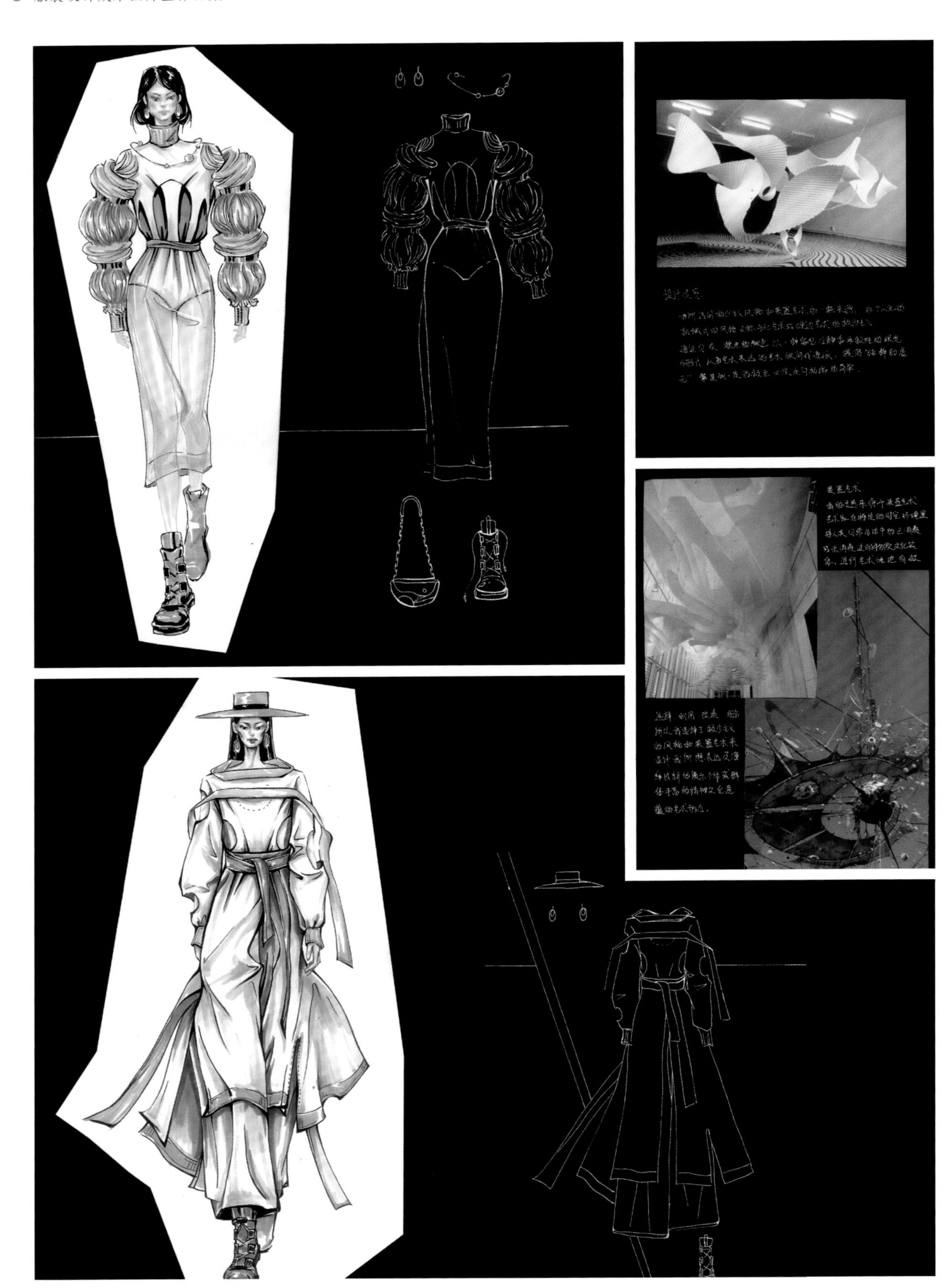
设计灵感
装置艺术

作者：吕淼
指导教师：王群山

灵感来源：
灵感来源于电影《回到未来》，这部时间旅行的电
影中许多不可思议的装置却在如今成了现实，这让我
懂得未来不是一成不变，袖子如同时光机器的发射器
全身流动的布料如光的流逝，我们作为新时代的设
计师关于未来的无限种可能都落在我们肩上，愿
我们能负重前行，未来可期。
回到未来

作者：孙铭泽
指导教师：王群山

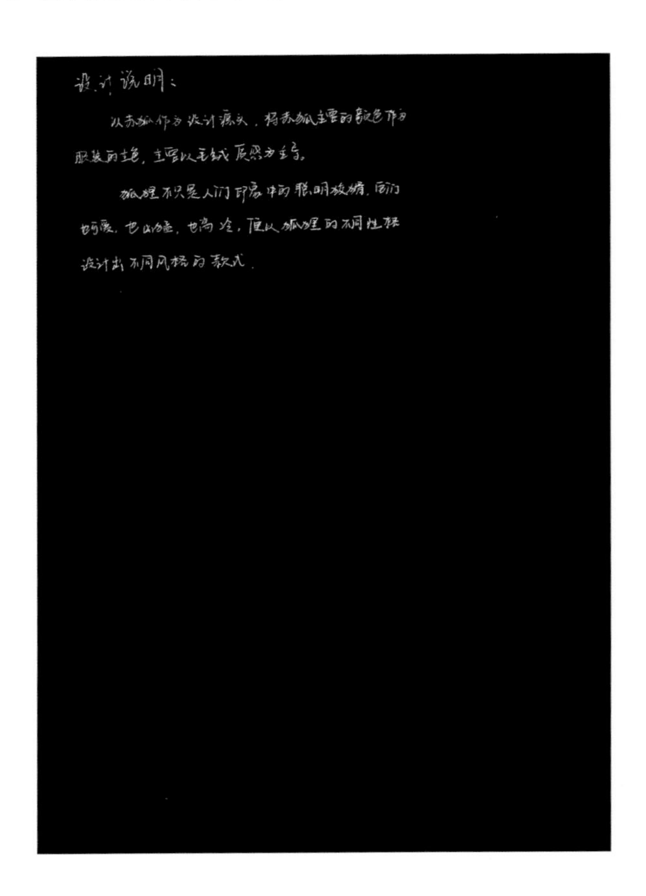

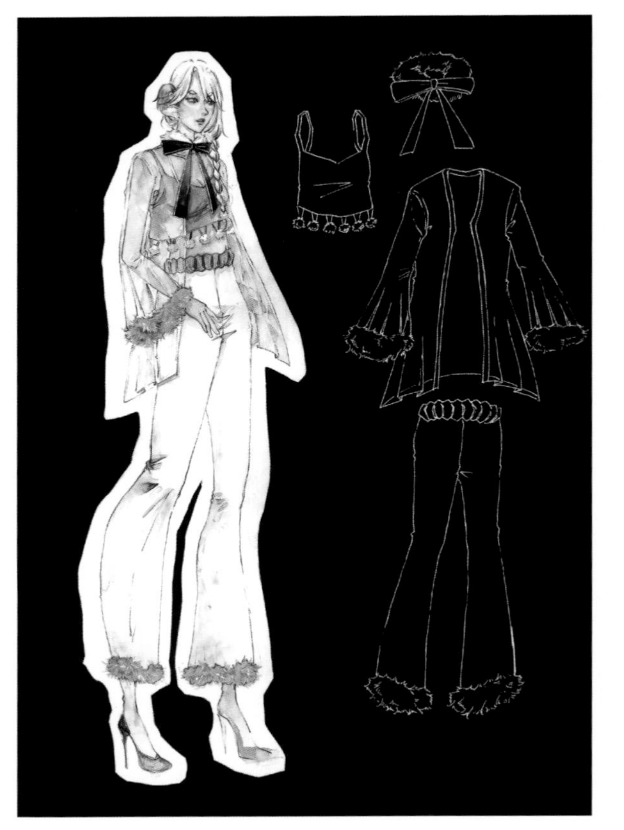

作者：谭佳格格
指导教师：王群山

作者：滕乐菲
指导教师：王群山

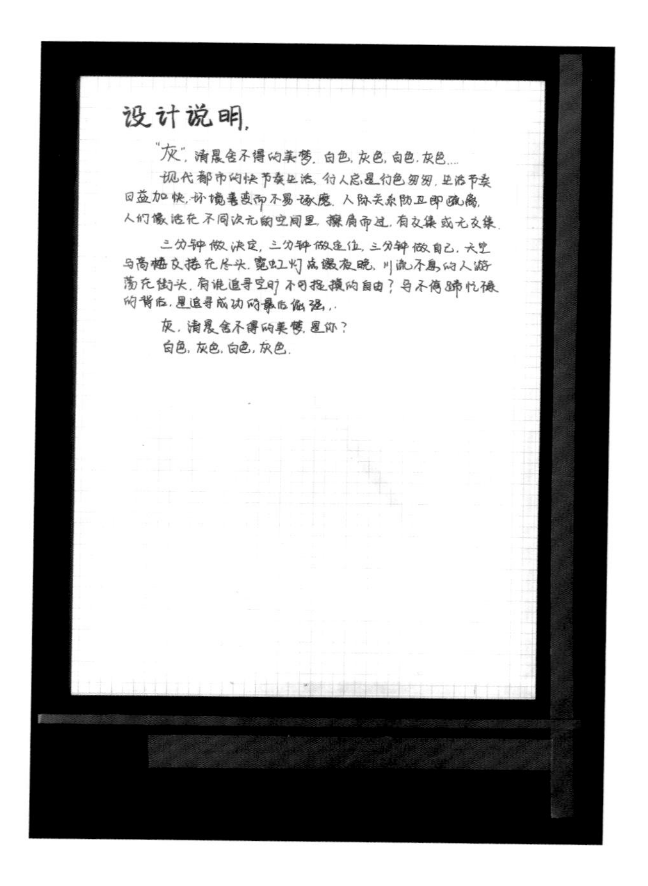

作者：夏翼

指导教师：王群山

作者：刘玉杰
指导教师：王群山

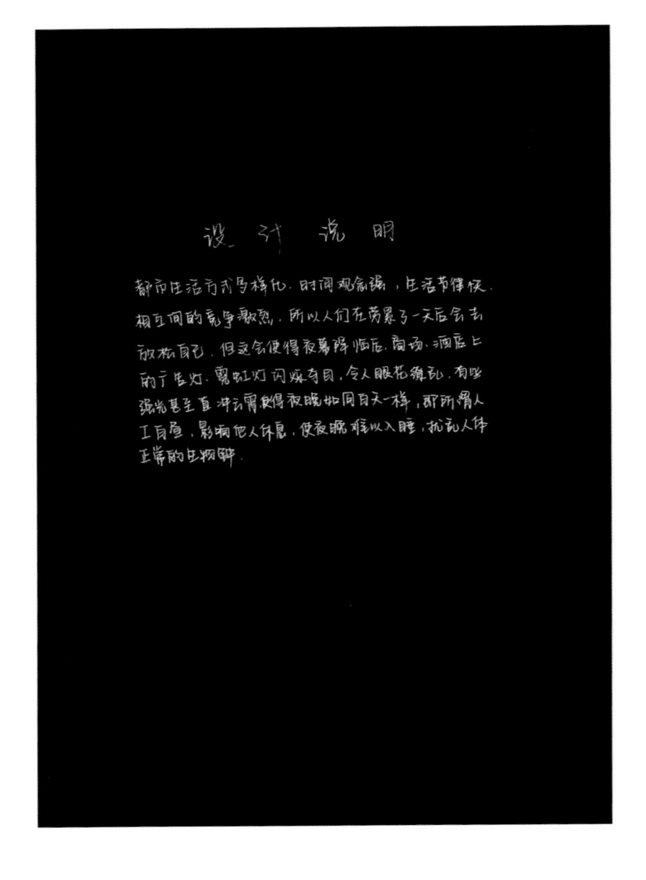
设计说明
都市生活方式多样化，时间观念强，生活节律快，
相互间的竞争激烈，所以人们在劳累了一天后会去
放松自己，但这会使得夜幕降临后，商场、酒店上
的广告灯、霓虹灯闪烁夺目，令人眼花缭乱，有些
强光甚至直冲云霄，使得夜晚如同白天一样，即所谓人
工白昼，影响他人休息，使夜晚难以入睡，扰乱人体
正常的生物钟。

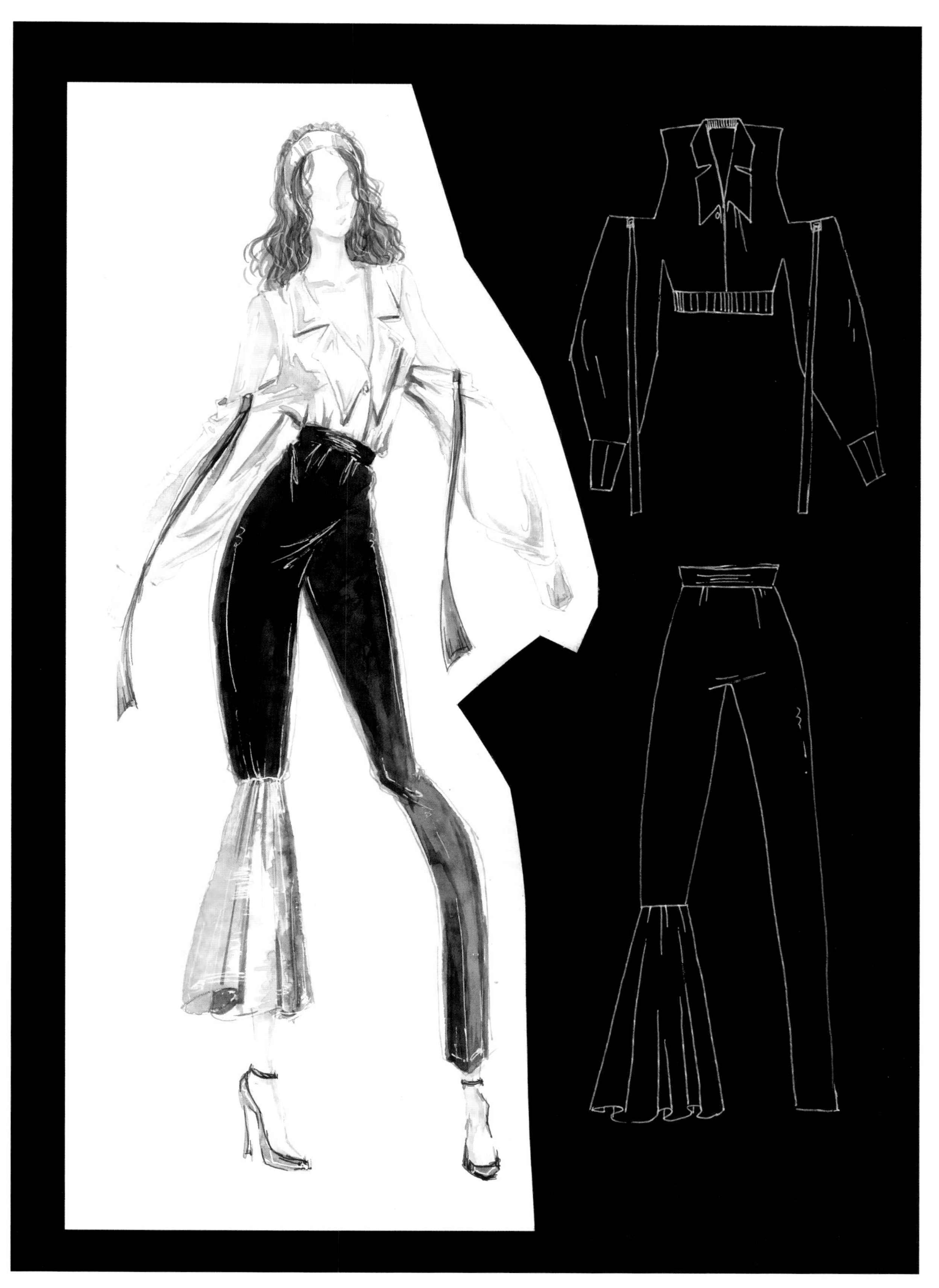

作者：邹雨萌
指导教师：王群山

作者：朱皖祺
指导教师：王群山